RELATION DU VOYAGE

Fait à la Chine ſur le Vaiſ-ſeau l'Amphitrite, en l'année 1698.

Par le ſieur Gio Gherardini, Peintre Italien.

A MONSEIGNEUR LE DUC DE NEVERS.

A PARIS,

Chez NICOLAS PEPIE, rue S. Jacques au grand ſaint Baſile.

M. DCC.

AVEC PERMISSION.

AVERTISSEMENT.

LA Lettre qu'on donne au public a paru à tous ceux qui l'ont lûë manuſcrite une relation aſſez agréable, pour croire que les perſonnes qui ſont curieuſes de ces ſortes d'ouvrages, ſe feroient auſſi un plaiſir de la lire.

Monſienr Girardini qui l'a écrite, eſt un Peintre Italien que Monſieur le Duc de Nevers, qui avoit connu ſon habileté en Italie, fit venir en France il y a quelques années. Parmi les ouvrages qu'il nous a laiſſez, ce qu'il a fait dans l'Egliſe des Jeſuites de Nevers, & dans la Biblioteque de ceux de Paris, ſeront des monumens éternels de ſon rare genie pour la Peinture, & ſur tout pour la perſpective, en quoy il excelle particulierement.

Dans le tems qu'il achevoit de peindre la Biblioteque de la Maiſon Profeſſe des Jeſuites, le R. Pere Bouvet que l'Empereur de la Chine envoyoit en Europe pour chercher de nouveaux Miſſionnaires & des gens habiles dans tous les arts arriva à Paris.

Ce Miſſionnaire admirant la beauté des ouvrages de ce Peintre, crut ne pouvoir mieux ſuivre les intentions du grand Prince, qui l'envoyoit, que d'engager un homme auſſi habile dans la partie de la Peinture que les Chinois ignorent le plus, à venir avec luy à la Chine.

Il le trouva tres-bien diſpoſé à recevoir les impreſſions qu'il tâcha de luy inſpirer. Il luy repreſenta la gloire qu'il procureroit à Dieu en ſecondant le zele des Miſſionnaires de la Chine, & travaillant en quelque ſorte avec eux par les tableaux qu'il pourroit faire des principaux myſteres de nôtre foy, à la converſion d'un Prince que l'eſtime qu'il a conçûë pour les ſciences & pour les beaux Arts de l'Europe, a déja prévenu ſi favorablement pour la Religion qu'on y profeſſe.

M. Girardini qui n'a pas moins de pieté que d'habileté dans ſon art, ſe rendit à ces motifs, & renonça ſans peine à la gloire qu'il pouvoit acquerir en Europe, pour aller dans l'Orient travailler à établir celle de Dieu.

Aprés avoir eû l'honneur de ſalüer le Roy, il partit ſur l'Amphitrite avec les nouveaux Missionnaires que le R. Pere Bouvet emmenoit à la Chine : Et c'est de Canton le Port le plus celebre de cet Empire, où il arriva le second jour de Novembre de l'année 1698. qu'il écrit à son illustre Protecteur la lettre dont on fait part au public.

Comme la plûpart de ceux qui la liront, n'entendent peut-être pas l'Italien, ou du moins la Poësie Italienne, dont le style est fort different de la prose. On a cru devoir traduire en vers François les vers Italiens, dont il a embelli sa narration, & il seroit à souhaiter qu'on eût pû imiter l'élegance & la délicatesse des siens & de ceux des Auteurs qu'il a citez.

RELATION DU VOYAGE fait à la Chine sur le Vaisseau l'Amphitrite,

En l'année 1698.

LORSQUE j'étois à Paris & qu'on ne pouvoit me faire résoudre de passer la Seine en bâteau, qui m'eût dit que je courrois les mers, & que j'irois par eau au bout du monde ; que je verrois les vergues d'un navire se plonger dans les flots ; que j'entendrois crier, *C'en est fait, nous sommes perdus, nous voilà sur la pointe des rochers* ; & qui eût ajoûté que je sortirois heureusement de tous ces dangers sans mourir de peur ; j'aurois crû ou qu'on auroit voulu se moquer de moy, ou qu'on eût été Prophete : mais d'ailleurs ne croyant pas possible que je pusse jamais vivre si loin de vous, Monseigneur, je me serois moqué à mon tour de la Prophetie, & j'aurois juré, que je ne verrois jamais la Chine, pas même en songe, tant j'y pensois peu.

Je sçai maintenant par experience qu'il ne faut jurer de rien. Me voicy à plus de six mille lieües de la France & de l'Italie : je m'y trouve comme par une espece d'enchantement. Il y a assûrement là quelque chose, qui surpasse les forces de la nature. Dieu me vouloit à la Chine, il m'y a conduit au travers des écueils & des abysmes, j'y suis arrivé en parfaite santé.

Je quittay Paris avec une certaine fermeté d'ame que je ne m'étois point encore sentie. Dieu me parla au cœur, & quand Dieu parle, il faut obeïr. Mais qu'ay-je ſouffert? qu'ay-je veû pendant huit mois de navigation ? je vais vous le dire, Mónſeigneur, quoy qu'il m'en doive coûter beaucoup ; car je ne puis repaſſer ſur mille objets, qui m'ont vivement frapé, qu'en fremiſſant encore de tout mon corps. Je ne trouve nul plaiſir à raconter de telles avantures, je les oublie même tant que je puis, & je ne ſuis point du goût de ces voyageurs, qui ſont ravis quand ils trouvent occaſion d'exagerer.

Le novità vedute e dire : jo fui.

J'étois preſent, j'ay vû la merveille étonnante.

Mais ils ne s'agit pas de ce

qui me plaît, il s'agit de ce qui peut vous plaire, Monseigneur, je commence donc ma Relation, & je commence par cet endroit d'un Poëte de mon païs.

Chi và lontan de la ſua patria, vede
Coſe da quel, che già crede, lontane.
Che narrandole poi non ſegli crede
E ſtimato buggiardo ne rimane.

Du monde, comme moy, quiconque fait le tour,
De mille faits nouveaux peut enrichir l'hiſtoire :
Il voit encore plus qu'il n'eût jamais pû croire.
Mais quand enſuite de retour,
Il vient conter ſes avantures,
On prend tout ce qu'il dit pour autant d'impoſtures.

Mais je puis bien ajoûter avec le même Poëte.

> A voi ſo benche non parra menſogna,
> Che'l lume del diſcorſo hauete chiaro:
> Et a voi ſoli ogni mio intento agogna
> Che'l frutto ſia di mie fatiche caro.

> *Vous en penſerez autrement,*
> *Vous qui ſçavez juger de tout ſi ſainement,*
> *Et ſi mon travail vous contente,*
> *C'eſt aſſez, le ſuccez répond à mon attente.*

Nous partimes de la Rochelle un vendredy ſeptiéme Mars 1698. L'on n'eut pas ſi-tôt levé l'ancre, que

> Jo guardo il lido, e'l lido eccoſi cela

Fuggite son le terre, e i lidi tutti.
De l'onda il ciel, del ciel l'onda
e confine.

Je regarde toûjours la terre & les rivages,
Mais tout se dérobe à mes yeux.
Adieu charmans côteaux, adieu beaux païsages,
Le Ciel touche à la mer, l'onde se joint aux Cieux.

Je fus alors fort embarassé de ma personne. Je ne sçavois où me mettre pour être en sureté, & je vous asseure, Monseigneur, que pestant en moy-même contre la navigation & contre ceux qui l'ont inventée je dis vingt fois.

Come trovasti o scelerata e brutta
Invention mai loco in human cuore?

Quiconque à ſçû trouver l'Art de voguer ſur mer,
Avoit le cœur ou de bronze ou de fer.

Si je montois ſur le pont, la tête me tournoit, & je ne pouvois me ſoûtenir. Il me ſembloit que le vaiſſeau deût à tous momens ſe renverſer ſans deſſus-deſſous, & en m'enfuyant je tombois, & m'écorchois la jambe contre un maſt, ou bien j'étois tout baigné d'un coup de mer, qui ſautoit par deſſus les bords du navire. Vous pouvez penſer, Monſeigneur, ſi je ne regretois pas alors l'Hôtel de Nevers, & ſi dans ces premiers jours je ne me regardois pas comme un homme, qui ſeroit mangé des poiſſons avant le quart du voyage. Pour tâcher de guerir un peu mon imagination, je ne trouvois point de meilleur aſyle que la ſainte Barbe.

La ſainte Barbe eſt une eſpece de caverne tenebreuſe & puante, toute pleine de lits les uns ſur les autres. Une affreuſe lampe répand jour & nuit là dedans une lumiere épaiſſe, à la faveur de laquelle chacun démêle comme il peut l'endroit de ſon poſte. Il falloit paſſer par deſſus une douzaine de lits avant que d'arriver au mien, en danger, ſi l'on ne marche à quatre pattes, d'avoir la tête cassée par une grosse barre * qui ne fait qu'aller & venir avec un bruit épouventable. A peine étois-je dans cet hôpital & sur mon lit, que je voulois remonter sur le pont, esperant que j'y serois mieux, & je n'étois pas plûtôt sur le gaillard * qu'il falloit retourner à la sainte Barbe.

Come l'infermo che dirotto e stanco
Di febre ardente, và cangiando lato:
O sia su l'uno, ò sia su l'altro fianco
Spera haver, se si volge, miglior stato,
Ne su'l destro riposa, ne su'l manco
E per tutto egualmente è travagliato.

* C'est la barre du gouvernail du vaisseau.

* C'est le Château ou l'élevation, qui est au dessus du dernier pont.

C'eſt ainſi qu'attaqué d'une fièvre brulante,
Un malade inquiet s'agite, ſe tourmente,
Se tourne inceſſamment.
Mais en vain change-t-il ſi ſouvent de poſture :
Le mal violent qu'il endure
Le fait ſouffrir toûjours également.

Ce n'eſt point une comparaiſon, j'étois réellement malade, & je payois le tribut à la mer comme les autres. Or de tous les maux le plus inſupportable à mon ſens, c'eſt le mal de mer, & jamais tribut ne coûta tant à payer que celuy-là. Vous perdez entierement le goût & l'appetit, quand il faut manger, c'eſt un ſupplice, & l'on n'eſt pas long-temps ſans jetter à la mer le peu qu'on a pris à contre cœur. Ce qu'il y a de ridicule, c'eſt que vous ſouffrez beaucoup & qu'on ſe moque de vous. Ceux qui ſont amarinez, (c'eſt le terme) mangent à vôtre place & boivent, en riant, à vôtre ſanté.

On s'accoûtume à tout, même à la mer, l'eſtomach ſe rétablit peu à peu, la tête ſe fait au roulis & au tangage,* l'imagination s'apprivoiſe au bruit des vents & des flots; il n'y a que la mienne qui n'a

* Le Roulis eſt le balancement du vaiſſeau d'un côté ſur l'autre, & le tangage eſt le balancement de la poupe à la proüe.

jamais pû se faire à cette vie; de maniere que ne souffrant plus du corps, j'ay tojûours souffert de l'esprit, sans pouvoir gagner sur moy de croire que le vaisseau pour pancher trop d'un côté ne tourneroit pas, & qu'il n'y avoit rien à craindre.

Le 21. Mars on vit terre : c'étoient les Isles Fortunées, dont les Poëtes, & les Peintres aprés eux font de si beaux portraits.

> Quivi il ciel de candidissimi splendori
> Sempre s'ammanta e non s'infiammá ò verna
> E nutre a i prati l'herba, a l'herba i fiori,

A i fiori l'odor, l'ombra a le piante eterna.

Là le Ciel se vétit de lumieres brillantes,
L'on ne connoît dans ces climats
Ny neiges ny frimats,
Ny chaleurs étouffantes.
La terre nourit l'herbe, & l'herbe offre des fleurs,
Les fleurs remplissent l'air des plus douces odeurs,
Et les arbres touffus & sombres
Y couvrent en tout temps la terre de leurs ombres.

On en raconte bien d'autres merveilles, comme vous sçavez mieux que personne, Monseigneur, vous qui entendez si bien le langage de ces deux charmantes sœurs la Poësie & la Peinture. Ce qui eſt ſûr de ces Iſles, c'eſt que

Ben ſono elle feconde e vaghe, e liete,
Mà pur molto di falſo al ver s'aggiunſe.

Elles ſont, j'en conviens, fertiles, agréables;
Mais dans ce qu'on en dit, l'on meſle bien des fables.

Ce qui eſt encore vray, c'eſt que Hercule n'alla jamais ſi loin que nous.

Non oſò di tentar l'alto Occeano;
Segnò le mete, y e'n troppo brevi chioſtri
L'ardir reſtrinſe de l'ingegno humano.

Cet eſprit fier, audacieux
N'oſa point s'engager dans l'humide carriere.

Il marqua ſur ſes bords une étroite barriere
A nos projets ambitieux.

Me voila déja fort au delà de ces fameuſes colonnes, & cependant ce n'eſt encore icy que le commencement du voyage.

Les belles mers qu'on trouve vers les Tropiques font grand bien à des gens comme moy. Le vaiſſeau pouſſé par un petit vent coule ſur les ondes, comme ſur un étang paiſible, tous les jours ſont beaux, & les nuits ſont pour le moins auſſi belles que les jours. Il eſt vray qu'on n'a pas ſur mer les agrémens qu'on trouve ſur terre, mais on on en a d'autres que la terre n'a pas, nous ne voyons point ce vert naiſſant, qui embellit ſi fort le mois de May; mais vous ne voyez point auſſi, vous autres gens terreſtres, un Ciel qui approche du nôtre. C'eſt un ſpectacle charmant tous les matins que de voir le Soleil ſortir peu à peu du ſein de l'onde.

Mezo ſcoperto ancora e mezo aſcoſo
Quanto ſi moſtra men, tanto e più bello.

Il paroît à demi ſortant du ſein de l'eau,
Mais moins il ſe découvre, & plus il paroît beau.

Le ſoir il ſe replonge dans les mêmes eaux, & il ſe couronne alors pour l'ordinaire d'une multitude incroyable de petits nuages vifs & brillans, qui luy servent de trône, & qui sont autant de miroirs, dans lesquels il se peint avec plaisir. Il n'y a point de pinceau ny de couleurs, qui puissent representer ces traits lumineux ; mais l'imagination se remplit d'idées nobles & naturelles, & quand j'auray maintenant un ciel à peindre, je m'y prendray tout d'un autre air que je n'eusse fait avant que d'avoir veu ces merveilles. La nuit est une autre scene, & l'on peut bien dire comme Renault dans le Tasse.

O quanto belle
Luci il tempio celeſte in ſe raguna !
Hà il ſuo gran carro il dì : è l'aurate ſtelle
Spiega la notte, e l'argentata Luna.

Que de lumieres éclatantes
Le Ciel aſſemble en ce charmant ſéjour?
Le Soleil dans ſon char regne pendant le jour
Pendant la nuit , mille étoilles brillantes
Semblent ſuivre la Lune , & luy fair leur cour.

La mer, qui n'eſt agitée d'aucun vent impetueux , reçoit tous ces feux ſur la ſurface de ſes eaux, & en paroît la motié plus belle ; ſur la tête & ſous les pieds ce n'eſt qu'étoilles , il ſemble qu'on en eſt environné de toutes parts, & l'on ne ſçait, ſi ce que l'on voit en haut, n'eſt point la mer, & ſi le navire, où l'on ſe trouve, n'eſt point un autre Argo,* qui fend les nuages & qui court parmy les aſtres.

Mais tous ces divers objets, encore qu'ils ſoient admirables, laſſent enfin à la longue, & ſi l'on ne joüoit ſur un vaiſſeau, on s'y ennuyeroit mortellement; je trouvay un jeune Pariſien qui aimoit le jeu avec paſſion, & qui me forçoit pour ainſi dire de luy gagner toutes ſes nippes une à une, on étoit ſurpris de luy voir ſi ſouvent

* Vaiſſeau des Argonautes, qu'on a mis parmi les Conſtellations.

les cartes à la main, & il difoit à tout le monde qu'il ne joüoit que des falades pour le Cap de bonne Efperance. * Aprés quelques jours on difoit, *voilà bien des falades*, mais ce fut bien pis, quand on fçût que je lui avois gagné fon fuzil, fes piftolets & fes montres; les falades pafferent en proverbe, & cela nous divertit jufqu'à ce que les chaleurs de la Ligne * me firent tomber les cartes des mains. On commence à fentir ces chaleurs à mefure qu'on s'ap-

* Ce Cap eft à la pointe la plus méridionale de l'Affrique, il faut le doubler pour aller aux Indes & à la Chine.

* C'eft la ligne Equinoxiale, qui divife le Globe de la terre en deux hemifpheres. C'eft-là que commencent les degrez de latitude auftrale & feptentrionale.

proche de cette Ligne redoutable, & chaque jour

Cresce' l'ar dor nocivo, & ſempre au-
vampa
Più mortalmente in queſte parti e in
quelle,
A giorno reo, notte piu rea ſuccede;
E dì peggior di lei dopolei ſi vede.

La mortelle chaleur à chaque inſtant
augmente,
Aprés un méchant jour
Vient une nuit encore plus méchante.
Mais un jour plus méchant luy ſuccede
à ſon tour.

L'effet que cela cauſe dans les corps eſt une choſe horrible, la ſoif étrange qu'on ſouffre, n'eſt pas le plus grand des maux. L'eau puante & plus que tiede, fait ſoulever le cœur; la ſueur coule inceſſamment de toutes les parties du corps ; on perd abſolument ſes forces; pluſieurs y perdent leur peau comme les ſerpens au retour du Soleil, & pour comble de miſere, l'on n'a point de vent pour ſortir promptement de cette fournaiſe.

Nous paſſames la Ligne le 18. d'Avril avec toutes les ceremonies ordinaires. On ſe barboüilla, on ſe baptiſa, * c'eſt-à-dire, qu'on ſe moüilla d'importance, le tout en riant; il y en eût qui

* Les Matelots ont donné mal à propos le nom de baptême à cette ridicule ceremonie, qui conſiſte à baigner dans la mer ou ſur le vaiſſeau ceux qui paſſent la ligne pour la premiere fois.

furent plongez dans une grande cuve pleine d'eau ; d'autres reçûrent plus de cent ſeaux d'eau ſur leur corps. Il faut en paſſer par là ou payer, perſonne ne s'en exempte : ſept ou huit jours aprés ce paſſage, nous vîmes renaitre le prin-temps, & bien-tôt enſuite le Cap de bonne Eſperance nous fit oublier preſque tous nos maux, ce fut un mardy matin 27. May.

Chè s'offri di lontano oſcuro un monte
Che tra le nubi naſcondea la fronte.

L'on voit un mont obſcur, dont la tête chenuë
Se cache dans la nüe.

C'étoit

C'étoit la fameuſe Montagne de la Table. Le jour même que nous entrâmes dans le port, un Vaiſſeau Hollandois fit naufrage preſque à nos yeux, & ſe briſa malheureuſement ſur des rochers.

Ce fut un grand plaiſir pour moy que de me voir à terre. Je la ſouhaitois depuis trois mois, & je fus me promener par tout. Le Païs eſt fertile, l'air fort bon, les chaleurs n'y ſont pas extrêmes, & il n'y a preſque point d'Hyver. Les vins ſont blancs & délicats, les Citronniers & les Orangers ſont des arbres communs, & les herbes répandent un odeur agréable, qui embaume l'air. Mais le Jardin des Hollandois est sans contredit ce qu'il y a de plus beau.

Stimi: (si misto il culto é col negletto:)
Sol naturali gli ornamenti e i siti:
Di natura arte par che per diletto
L'imitatrice sua scherzando imiti.

Certain air negligé, qui regne dans ces lieux,
Nous cache les beautez, dont l'art charme les yeux,
Et l'on diroit que la seule nature,
Pour imiter en se joüant
L'art, qui l'imite si souvent,
De ces lieux enchantez fait toute la parure.

Vous voyez, Monseigneur, que ces endroits de nos Poëtes me sont d'un grand ſecours. Ce ſont de petits tableaux que je trouve tous faits, & comme je ne parle pas bien François, je me recompenſe un peu ſur l'Italien, en ne vous citant, Monſeigneur, que des vers que vous reconnoîtrez pour être pris de bon lieu.

Eſtant au Cap de bonne Eſperance, je me ſouvins que j'avois oublié à mettre dans ce Journal une avanture de conſequence. De peur qu'elle ne m'échappe encore, la voicy. Le 15. de Mars je connus qu'il y avoit bien d'autres choſes à craindre ſur mer que d'être mangé des Soles. Nous étions vers les côtes de certains Pirates qu'on appelle les Saltins*, nation barbare.

Di cui l'antica legge ogn'un ch'arriva
In perpetuo tien servo ò che l'uccidi.

Les peuples inhumains, qui regnent sur ces mers
Font languir les passans, ou mourir dans leurs fers.

Ce malheur me paroît beaucoup plus grand que l'autre & s'il faut choisir

Voglio che inanzi il mar m'affoghi.
Chio senta mai di servitute i gioghi.

Plûtôt perir au fond de ces gouffres affreux,
Que de porter un joug honteux.

* Ce sont les Corsaires de Salé, ville tributaire du Roy de Maroc en Affrique.

Comme j'étois dans cette apprehension, on voit venir deux Navires, vent arriere & droit sur nous. Assurément ce sont les Saltins, *aux armes, aux armes, il faut combatre pour nôtre liberté, il faut vaincre ou mourir, car l'esclavage est plus dur que la mort.* Alors tout le monde est soldat. Pour moy je ne pouvois comprendre la méchanceté & la malhonnêteté de ces Affricains-là, qui venoient attaquer sans raison un Bâtiment qui ne leur disoit mot. J'avois pris mon parti, & je m'en allois à mon poste, lorsqu'on me rendit la vie, en m'apprenant que les Corſaires prétendus avoient mis pavillon blanc, & qu'ils continuoient leur route, comme nous la nôtre. Dieu ſoit loüé, m'en voilà quitte pour la peur, je reprens le fil de mon Journal.

Depuis le Cap juſqu'au détroit de Java *, la mer & le Vaiſſeau ne changerent point, ni moy non plus. Il fit aſſez froid, & nous eûmes de bons coups de vent, nous n'avions point encore ſi bien danſé. Quand on roule de cette force, il faut plus d'adreſſe pour boire

* Java eſt une grande Iſle au midy du Royaume de Siam. Elle forme avec l'iſle de Sumatra le fameux detroit de la Sonde qu'on appelle auſſi le détroit de Java.

un coup ſans répandre, & pour porter ſa cuillier droit à la bouche, que pour remporter le prix dans une courſe de bague. Vous avez pris toutes vos meſures, vous étes bien campé, & vous croyez aller donner dedans, que tout và dans l'oreille ou contre le nez de vôtre voiſin; en même temps la table ſe renverſe, les bouteilles ſe caſſent, deux ou trois perſonnes tombent à la renverſe, & ſont couverts du vin, de la ſouppe, & des ſauces, qui coulent de toutes parts, on ſauve ce qu'on peut du debris de ce naufrage, & moy je m'en vais à ma ſainte Barbe reſver ſur mon lit à la folie des hommes, d'aller ſur mer, lors qu'ils peuvent vivre en repos ſur terre. Si je m'endors par hazard, je ſonge ou que le Vaiſſeau a tourné, ou qu'il a donné contre des rochers, ou que les Pirates nous pourſuivent: à peine puis-je avoir un moment de ſommeil tranquille. Il ne faut pas s'en étonner; car les gens de mon naturel qui ſe trouvent en de pareilles conjonctures, ne dorment gueres.

Qual pargoletta damma, ò capriola
Che tra le frondi del natio boſchetto

A la madre veduto habbia la gola
Stringer dal pardo, e aprirle il fianco
o il petto
Di ſelva in ſelva dal crudel s'invola
E di paura trema, e di ſoſpetto
Ad ogni ſterpo che paſſando tocca
Eſſer ſi crede à l'empia fera in bocca.

C'eſt ainſi qu'un Chevreüil, qui voit une Panthere
S'élancer tout à coup ſur ſa timide mere;
Et luy donner la mort,
S'enfuit tout effrayé de montagne en montagne:
Il parcourt les valons, les foreſts, la campagne,
Et craint pour ſoy le même ſort.
Qu'un foible vent s'excite,
Qu'une feüille s'agite,
Rien ne peut plus le raſſeurer,
C'eſt l'affreux animal, qui vient le devorer.

Voilà tout comme je ſuis. Or imaginez-vous un peu, Monſeigneur, ſi en cet état on peut dormir, ne dormant donc preſque point, ne mangeant que des viandes qui échauffent, & demeurant preſque toûjours renfermé dans un antre ſombre & mal-ſain, il faut perir à la fin ; & je ne comprens pas comment je ſuis encore en vie. Aprés Dieu & S. François Xavier, j'attribuë mon ſalut aux pillules, dont j'avois fait bonne proviſion à Paris, & que j'ay priſes de temps en temps. Voilà ce qui m'a ſauvé, & je conſeille à tous ceux qui feront le voyage de n'oublier pas les pillules.

Sur la fin de Juillet on croyoit aller droit à Batavie *, c'eſt une ville à voir, ſur tout quand on en eſt ſi proche : ce qui m'en plaiſoit davantage, c'eſt que de-là juſqu'à Canton *, ce n'étoit plus qu'une promenade de quinze jours ou de trois ſemaines. Je me croyois à à la fin du voyage ; mais j'eſtois bien loin de mon compte, & je ne m'attendois gueres aux miſeres que j'ay ſouffert, & aux dan-

* Cette Ville eſt dans l'Iſle de Java. Elle eſt la Capitale des Hollandois dans les Indes.

* Ville de la Chine, Capitale d'une Province de méme nom.

gers que nous avons courus. Depuis qu'on a manqué le détroit de la Sonde, il a falu essuyer d'abord des pluyes continuelles & des tempestes horribles : c'est le sort ordinaire de ceux qui navigent le long de l'Isle de Sumatra * que nous sommes obligez de côtoyer.

Era travolto
Fra le nuvole il mar, fra l'onde il cielo
S'udian da nembi i tuoni
Scoccar fremendo horribile tempesta.
Piover gia non parea, parean superbi
Correr per l'aria i fiumi

* Cette Isle est entre les deux grandes Peninsules que forme le Golphe de Bengale

Ed hora fù ch'i'dissi oime!
Cade del cielo il mare.

Vous eussiez veu la mer transformée en nuages
Et le Ciel changé tout en eau.
Mille horribles presages
Menaçoient le vaisseau.
On entendoit les vents soûlever les tempestes,
Des fleuves tous entiers rouloient dessus nos testes.
Tel alors s'écrioit entendant ce fracas,
Est-ce donc que du Ciel la mer tombe icy bas.

Nôtre pauvre sainte Barbe étoit inondée, & il n'y avoit pas un seul endroit dans le Navire, où l'on pûst se mettre à couvert de ce deluge. Le 30. de Juillet aprés un grand calme, le vent ſe leva tout d'un coup, & l'on vit en même temps l'eau monter en tournant, comme il arrive quelquefois ſur terre que le vent ſe joüant de la paille, des papiers, & des plumes, qu'il trouve, les enleve en l'air dans un petit tourbillon, qui ſe forme au coin d'une cour, les plumes volent en tournant & ſont emportées juſques par deſſus la maiſon : de même icy le Ciel étoit encore ſerein, & la ſurface des eaux ne commencoit qu'à friſer, quand on apperçût un gros nuage fort ſombre, qui ſe formoit en l'air aſſez prés de nous.

Au dessous de ce nuage on voyoit la mer s'élever, & faire en montant une trace noire, qui ressembloit assez au tube d'une trompette, je croi que c'est pour cela que les Matelots ont donné le nom de *Trompe* à ce phenomene. Pour moy je l'appellay le Dragon : sa tête entroit dans la nüe, elle s'enfloit avec l'eau qu'il vomissoit dedans, sa queüe appuyoit sur l'eau & la pompoit comme fait un Syphon

C'est une belle chose à voir, mais il en coûte, car bien-tôt l'orage creve, l'eau retombe avec furie, le vent devient terrible, les flots mugiſſent de toutes parts. Quand ces Dragons paſſent par deſſus un Navire, il y paroît, & s'il eſt trop chargé de mats, ils l'en déchargent à coup ſeur & les mettent en pieces. On dit qu'il eſt bon de tirer ſur ces dangereux & terribles monſtres. Dés que j'en voyois la moindre apparence, je criois par tout *au Dragon*, & j'allois vîte avertir le canonier de ſe tenir preſt.

Mais voicy bien un autre Dragon : il n'y a plus de bois, il faut vivre de biſcuit & de bœuf ſalé & boire du vin, qui eſt déteſtable.

Salcun giamai tra ſtonde guanti
rive
Puro vide ſtagnar liquido argento,
O giù precipitoſe ir acque vive
Per Alpe o'n piaggia herboſa à paſſo
lento
Quelle al vago deſio forma e deſc-
rive
E miniſtra materia al ſuo tormento;
Che l'imagine lor gelida e molle
L'aſciuga e ſcalda e nel penſier ri-
bolle.

*A-t-on veu d'un étang dormir l'onde
tranquille,
Ou tomber d'un rocher un torrent écu-
meux,
Ou bien un fleuve, allant d'un cours
majeſtueux
Arroſer lentement une plaine fertile.*

D'abord l'imagination

S'en fait avec plaisir l'agréable peinture,
Mais bien-tôt par l'effort de l'application.
Tous ces portraits charmans deviennent sa torture.

C'eſt juſtement ce que je ſouffrois icy, en penſant aux vins d'Italie, aux mortadelles de Bologne, au fromage Parmezan, au beure frais, aux vermiſcelles, aux ſalades, au fenochio, & à tous les ragoûts de ma chere Patrie, que la veuë de ce biſcuit & de ce bœuf dur comme du bois me rappelloit à l'imagination pour me tourmenter davantage. Enfin aprés bien des peines, on attrapa la pointe de l'Isle de Sumatra, & le 18. d'Août on moüilla dans la rade d'Achen.

Achen * a quelque chose de si singulier soit pour la maniere dont la Ville est bâtie, soit pour les diverses nations qui l'habitent, qu'un homme d'imagination est charmé de voir en passant un si beau Païs. On passe d'abord par une riviere, dont les bords sont enchantez. C'est en abregé.

Culte pianure, e delicati colli,
Chiare acque, ombrose ripe e prati molli,

* Cette Ville est la Capitale d'un Royaume de méme nom, qui est le plus considerable de l'Isle de Sumatra.

Vaghi boſchetti di ſoavi allori,
Di palme, e di ameniſſime mortelle;
Cedri ed aranci ch'avean fruti e fiori
Coteſti in varie forme, e tutte belle,

Delicieux côteaux,
Sombres vallons, fertiles plaines,
Ombrages frais, agréables fontaines,
Charmans ruiſſeaux,
Belles prairies,
Campagnes vertes & fleuries,
Orangers, Citronniers,
Cedres, Palmes, Lauriers,
Boſquets de diverſe figure,
Ce qu'on voit de plus beau dans l'art,
dans la nature.

Pour avoir une idée de la Ville, figurez-vous, Monſeigneur, une des plus agréables foreſts de France ou d'Italie: faites paſſer par le milieu de ce bois une assez belle riviere, toute couverte de bateaux; mettez à la place de nos chesnes & de nos hêtres, des Cocotiers, des Bambous, des Ananas, des Bânaniers; jettez parmi tout cela un nombre incroyable de maisons, construites comme au hazard avec des cannes, des roseaux & des écorces; que ces cabanes forment tantôt des ruës & tantôt des hameaux; qu'il y ait par-cy par-là de petites prairies, & par tout de la verdure; vous aurez déja une partie d'Achen. Mais ce n'est pas tout, on y voit un messange de nations diverses & un peu barbares par rapport à nous, c'eſt ce qu'on peut nommer l'ame de cette Ville. Les Chinois ſont propres & parez comme des femmes, ils attachent leurs cheveux avec des aiguilles de tête, & portent tous un éventail à la main. Les Mores avec leurs Turbans, leurs longues robes, & une grande barbe ont bonne mine. Les Malais * ſont petits, mais vifs, bien faits, avec un certain air fier & pourtant doux, qui frappe & qui plaît; en un mot.

Son di perſona tanto ben formata

* Ce ſont les naturels du Païs, qui tirent leur nom du Royaume de Malaque, qui eſt vis-à-vis l'Iſle de Sumatra.

Quanto mai finger ſan pittori industri,

Jamais les plus ſçavans pinceaux

N'ont ſçu former des corps ſi beaux.

Je voudrois voir icy les Titiens & les Caraches, de leur vie ils n'ont fait de ſi beaux corps. Ces peuples ſont noirs, mais fort differens des Mores qu'on voit en Europe, cette couleur leur ſied bien, & s'ils étoient blancs comme nous, on ne pourroit plus les ſouffrir demi-nuds, comme ils ſont. Car ils ne ſe couvrent que depuis la ceinture juſqu'au genou avec une piece de toille peinte ou de taffetas, & par le haut du corps ils n'ont qu'une écharpe qu'ils mettent en cent façons, toutes un peu negligées, mais toutes naturelles & de tres-bon air. Nous tâchons de donner ces airs-là aux figures que nous habillons comme il nous plaît, nous n'en approchons point, & la nature est encore icy fort au dessus de l'art.

Enfin les Malais portent tous une espece de sabre, long comme nos petites espées, la poignée en est d'or ou d'ivoire, & d'une forme particuliere, elle leur passe sous le bras droit, & monte presque jusqu'à l'aisselle, le bout de ce sabre descend vers

vers le côté gauche & ſe cache ſous ce qui couvre les cuiſſes. Pluſieurs ont outre cela une ceinture aſſez large d'or trait qu'ils attachent par devant avec une boucle du même métail ou d'un autre auſſi prétieux.

Je me trouvai dans un point de vûë, où rien ne me manquoit que le temps, pour faire le plus beau tableau qui ſoit peut-être au monde. J'avois d'un côté la riviere, & un bout de prairie, d'un autre des maiſons poſtées ſous des arbres d'une beauté exquiſe ; parmi tout cela je voyois des hommes parfaitement bien-faits, la nation, les poſtures, les viſages, les habits, tout étoit different, & tout étoit naturel & beau. Il y avoit même des femmes vétuës à la façon du païs, & avec de grands chapeaux d'une natte tres-fine; & dans un coin je trouvois des Elephans, hauts comme des tours, qui portoient pluſieurs enfans ſur leurs dos, & qui ſoutenoient avec leurs trompes une chartée entiere de branches d'arbres fraichement coupées, ce n'eſt qu'un de leurs repas.

Je quittay avec regret un ſi agréable ſejour le 23. Août, nous entrâmes dans le détroit de Malaque *, où nous avons demeuré un mois entier, & où nous avons souffert au delà de tout ce que je pourrois dire.

On avoit pris à Achen un petit monstre de Pilote Portugais, qui ne voyoit goûte, & qui se perdoit dés qu'il perdoit la terre de vûë. A tous momens donc on ne sçavoit où l'on étoit, & le grand remede du petit homme étoit toûjours *ancora dar fundo*, jettez l'ancre. On la jettoit sur sa parole plusieurs

* Ce detroit est formé par l'Isle de Sumatra & par la grande Peninsule, qui est au de-là du Gange, il tire son nom de la Ville de Malaque, qui est à la pointe de cette Peninsule.

fois le jour, l'on n'avançoit quaſi point, & cet habile Pilote ne fut point content qu'il ne nous eût mis dans un cu de ſac, où il n'y avoit pas trois braſſes d'eau, en danger d'échoüer malheureuſement, & peut-être de perir-là ſans aucun ſecours. Pour moy je ſçay bien que je n'en ſerois jamais rechapé : & j'aimerois mieux vivre le reſte de mes jours dans un Hermitage ſur la croupe de quelque montagne deſerte, que d'eſtre Amiral & monter le plus beau Vaiſſeau de Roy. La mer eſt pour les poiſſons, & la terre pour les hommes : chacun devroit demeurer dans ſon élement. Je m'étonne qu'il ne prenne envie à nos braves de courir auſſi par le milieu des airs, & je ne doute pas qu'il ne le fiſſent, s'ils pouvoient avoir l'Hyppogriphe * du bon Roger.

Che per l'aria ne va come legno unto
A cui nel mar propitio vento ſpira.

Il vole dans les airs, ſemblable à ces vaiſſeaux
Qu'un vent impetueux fais voguer ſur les eaux.

Ce peril, dont je viens de

* Cheval aîlé.

parler, n'étoit rien au prix de ce qui nous arriva une nuit devant Malaque * le 10. Septembre. Cette nuit, où la grande voile se déchira du haut en bas, & où le four fut emporté d'un coup de mer, n'en approchoit pas. On n'avoit moüillé qu'une petite ancre, & Monsieur le Chevalier de la Roque étoit allé cette nuit à terre, sans se mettre en peine du vent.

Il vento si sdegnò, che da l'altiero
Sprezzar si vede, e con tempesta rea

* Cette Ville appartient aux Hollandois, elle est à l'extremité de la fameuse Peninsule qui est au delà du Gange.

Sollevò il mar intorno e con tal rabbia
Che li mandò a bagnar fino a la gabbia.

Le vent est indigné d'un si cruel outrage,
Pour venger les mépris de ce fier Commandant,
Il agite les flots, les souleve en grondant,
Et fait sentir par tout les efforts de sa rage.
A peine le vaisseau peut soutenir l'orage:
La mer en sa fureur
Inonde, brise tout, dans ces momens d'horreur
L'on voit dans chaque flot avancer le naufrage.

L'ancre ne tint guere contre un vent si furieux; on

en jetta une ſeconde, qui ne reſiſta pas davantage, & il en fallut venir à une troiſiéme, qui ne nous ſauva pas tellement, que nous ne fuſſions encore à dix-neuf pieds d'eau, c'eſt à dire, pas à deux pieds du fond, & en peril évident de toucher & de perir à la vûë du port. La conſternation fut plus grande cette fois-cy que la premiere; j'avois averti de ce malheur, & j'avois éveillé tout le monde. Il eſt bon d'avoir toûjours ſur les Vaiſſeaux un homme comme moy qui ne dorme guere, & qui ſoit en allarme jour & nuit, du moins on n'eſt pas surpris. Monsieur le Capitaine revenant de Malaque dans son Canot, eût sa bonne part de la peur & de l'orage. Ses rameurs n'en pouvoient plus.

Ma diede speme lor d'aria serena
La desiata luce di santo Ermo.

Un feu brillant s'étant fait voir ;
Dans leurs cœurs allarmés, fit renaître l'espoir.

Et en effet.

La tempesta crudel che pertinace
Fu sin alhora non andò più inanzi.

La mer jusques alors constamment agitée
Appaisa la fureur de son onde irritée.

Il y a, dit-on, au bout du détroit un Forban *, qui fait d'étranges ravages ; il n'épargne point les Vaisseaux qu'il peut attraper, il prend l'or & l'argent qu'il trouve dessus, & passe au fil de l'épée tous ceux de ses Prisonniers, dont il ne peut se servir. Il faudra donc qu'il commence par moy. Bien loin de fuïr ce Corsaire, on le cherche, & on veut absolument le prendre ou en être pris. Voilà nos François : je puis bien vous répondre Monseigneur, que jamais un tel dessein n'entreroit dans

* C'est un Vaisseau Corsaire, qui n'a commission d'aucun Prince.

ma tête, & que je ne dis plus d'autres prieres que celle-cy, *de la rencontre du Forban, libera nos Domine.* J'ay été exaucé, & le vent à été si contraire qu'on n'a jamais pû gagner une Isle nommée Polcondo *, où l'on croit que ce voleur se retire.

Il m'est arrivé encore plusieurs autres choses que je regarde comme autant de graces du Seigneur. Une nuit je songeois que marchant dans la boüe, je m'y étois enfoncé de maniere qu'un de mes souliers y étoit demeuré. Le lendemain nous

* Cette Isle est dans le Golphe de Siam.

perdîmes une ancre, qui demeura dans la vaſe. Une autre fois je révai que je voyois de grands rochers & que le vaiſſeau avoit paſſé par un chemin de charette. Je prédis le lendemain qu'il nous arriveroit quelque choſe ce jour-là, & juſtement le ſoir comme je racontois mon ſonge, on vit tres-diſtinctement de tous côtez d'affreuſes roches ſous le Vaiſſeau. On ſonde, & l'on ne trouve que cinq ou ſix braſſes.

La mer blanchiſſoit & briſoit devant nous, & un aſſez gros grain ſe formoit ſur l'arriere : que faire pour le coup? il n'y eut perſonne qui ne ſe crût perdu ſans reſſource, on rebrouſſa chemin le mieux qu'on pût & le plus vîte. Comme le fond étoit inégal, on n'attendoit plus que le moment où le Vaiſſeau rencontrant un rocher plus gros & plus élevé que les autres, iroit donner deſſus avec furie & ſe caſſeroit comme un verre. Au lieu de tout ce tintamâre qui ſe fait preſque toûjours dans un bord, on y voyoit regner un triſte & morne ſilence. Tous les viſages étoient pâles & ſombres, c'étoit je vous aſſûre d'excellens modeles pour

peindre la crainte & le regret. Chacun montroit ſur ſon front & dans ſes yeux tout ce qu'il avoit dans l'ame.

Al monta Sinaï fù peregrino,
A Galitia promeſſo, a Cipro, a Roma,
Al ſepolchro, a la vergine d'Ettino,
E ſe celebre loco altro ſi noma

Le paſſager craintif fait alors mille vœux,
Pour ſe rendre le Ciel propice,
Promet d'aller à Rome, à Lorette, en Galice,
Aux autres lieux les plus fameux.

Et en verité

Benè di forte e di marmoreo petto
E più duro ch'acciar, chi ora non teme,

Quelque brave qu'on soit, pour ne pas
s'effrayer,
Il faut alors un cœur ou de bronze ou d'a-
cier.

Je ne craignois rien pour moy, au contraire je ne faisois que rire; & vous sçavez, Monseigneur, que je ne suis pas un cœur de marbre & d'acier. Mais c'est que mon songe me rassuroit; car si je n'avois resvé mes rochers & mon chemin de charette, je crois que je serois mort de peur: tant il est bon quelquefois de réver. Au reste le banc de roches sur lequel nous étions se nomme *le paracel*, & a plus de cent lieuës de long.

Grace à Dieu, me voilà prèsque à la fin de mon voyage. On découvrit terre un Dimanche 5. d'Octobre, sans sçavoir ce que c'étoit. C'étoit l'Isle de Sancién, où est mort le grand Apôtre de l'Orient Saint François Xavier de la Compagnie de Jesus. Les Reverends Peres Jesuites furent à son Tombeau, & nous avons tous ressenti trop visiblement la protection de ce grand Saint, pour ne pas nous acquitter au plûtôt d'un vœu qu'on luy a fait, d'élever dans le lieu où il mourut, un petit monument, qui apprenne

à

à la posterité ce que nous luy devons, & que c'est sous sa protection que nous sommes arrivés à la Chine.

Sancién n'est pas loin de Macao *, cependant nous ne sommes arrivez à cette ville des Portugais que le 24. d'Octobre. C'est que la saison étoit passée, & que le vent.

Spiri ò dal lato destro ò dal mancino
O ne le poppe sempr'è cosi lento
Che si può far con lui poco camino.
E rimanea tal volta in tutto spento;
Soffia talhor si auverso ch'era forza
O ditornare, ò d'ir girando a l'Orza.

Le vent changeoit à tout moment,
Tantôt il souffloit foiblement,

* Cette Ville est à la pointe d'une grande Isle que forme la Riviere de Canton.

L'on n'avançoit plus qu'avec peine ;
Tantôt il retenoit tout-à-fait son haleine,
Et laissoit le vaisseau sans aucun mouvement :
Tantôt il devenoit contraire.
Le Matelot se desespere,
Il faut virer de bord,
Aller à la bouline, & faire route au Nord.

De Macao nous sommes venus sans peine à Canton*. Jamais l'Amphitrite n'avoit si bien fait que le jour quelle entra dans la riviere en louvoyant. Vous eussiez dit que cette Fregatte avoit du sentiment, & quelle

* C'est un des plus fameux Ports de la Chine & la Capitale d'une Province de nom.

vouloit donner une belle idée de nôtre nation, à la plus polie & à la plus fiere nation du monde. La Chine de son côté se montroit à nous par de beaux endroits; Achen & Malaque ont je ne sçay quoy de barbare & d'inculte au prix de cette entrée de Canton. Icy tout est varié, tout est bien menagé, tout est riant, tout est nouveau. Ce sont des prairies à perte de vûë d'un verd exquis; ce sont des boccages doux & sombres; ce sont de petits côteaux, qui vont en amphiteatre & sur lesquels on monte par des degrez de verdure faits à la main. Ce ſont des rochers couverts de mouſſe, qui ſervent infiniment à la diverſité ; ce ſont des villages qu'on découvre entre de petits bois ; ce ſont des canaux, qui tantôt forment des Iſles, & qui tantôt ſe perdant dans les terres, laiſſent voir des rivages d'une beauté vive & naturelle ; ce ſont enfin quantité de petits bateaux, qui achevent le païſage, & qui ſe promenent de toutes parts. On diroit que quelques-uns coulent ſur l'herbe ſans la froiſſer. On les voit aller & venir dans le milieu d'une prairie, & pour moy ſçachant bien que j'étois dans le païs des Fées, je crus que ces barques, ces prés, ces vallons, ces bois & generalement tout ce que je voyois étoit enchanté. Dans le fonds, je ne me trompois pas tout-à-fait; car si la Chine est par tout aussi belle, on peut bien la nommer l'Empire des charmes.

Le 31. Octobre vers les six heures du soir, je quittay le vaisseau où j'étois en prison depuis huit mois, & je partis pour Canton avec le R. P. Bouvet. Tous les soldats étoient sous les armes, les tambours joüoient, & il ne manquoit que des trompettes. Quand nôtre Chaloupe a debordé, on a salué le Pere de trois *vive le Roy*, & ensuite de neuf bons coups de canon que les échos d'alentour ont plusieurs fois répetez. La Chaloupe étoit éclairée par deux grosses lanternes, sur lesquelles on lisoit en caracteres Chinois les titres de la dignité d'Envoyé de l'Empereur. A toutes les Forteresses & les Corps-de-garde, devant lesquels nous passions, on nous saluoit de trois coups de canon, qui ne valoient pas nos coups de fuzils; mais les Chinois ne sont point des foudres de guerre, & leurs Forteresses nous ont fait rire. Imaginez-vous, Monseigneur, ces petites murailles qu'un Curé de Village fait faire au tour de son jardin : voilà au juste ce que c'est que ces terribles boulevars. On y demêle deux ou trois petits fauçonneaux, qui ont la bouche en haut de peur de blesser personne. Pour ce qui est des noms, ils sont magnifiques à la Chine, cela ne coute rien, & l'entrée de la riviere où sont ces redoutables * Dardanel-

* On appelle Dardanelle deux Châteaux qui sont à l'embouchure d'un detroit vis à vis l'un de l'autre.

les, dont je viens de parler, s'appelle *Hou-mouën*, c'est-à-dire, *la porte du Tigre.*

J'allay loger à Canton dans un *Cong-Koen* qu'on avoit preparé au R. P. Bouvet. C'est une maniere d'Hôtel, où l'on ne met que les premiers Mandarins, & les Envoyez de l'Empereur, qui sont défrayez de toutes choses aux dépens du public. On nous éveille tous les matins au son desagréable d'un timbre de cuivre, & d'un cornet à bouquin, qui font comme la basse, avec une espece de fiffre, & deux fluttes du païs, qui servent

ſervent de deſſus, & qui s'accordent comme des chats qui miaulent, & des chiens qui aboyent. Ce beau concert ſe donne de la même maniere chaque jour vers les huit heures, à midy, & ſur le ſoir. Pendant toute la nuit il y a des ſoldats, qui veillent à la porte dans la premiere cour, & qui frappent de moment en moment ſur ce chauderon, qui fait autant de bruit qu'une cloche, & qui ſert à diſtinguer les heures & à montrer que la garde ne dort pas.

Quand le R. P. Bouvet ſort, il eſt accompagné de

tous les gens qu'on luy a donné en qualité d'Envoyé de l'Empereur. Ce n'eſt qu'avec peine & malgré luy qu'il ſouffre ces honneurs. La muſique marche devant, elle eſt ſuivie des crieurs, des gens qui portent des chaînes, & de ceux qui ſont armez de foüets. Il y en a qui ont des planches vermeilles, où l'on voit écrit en groſſes lettres *Kingt chai*, qui veut dire, Envoyé de la Cour; d'autres tiennent deux dragons dorez & plantez comme des termes au bout de deux gros bâtons quarrez; ceux qui portent le palanquin marchent enſuite, pluſieurs vont à pied des deux côtez de la chaiſe ; d'autres ſuivent à cheval, il y en a un qui porte un grand paraſol de ſoye jaune déployé & flotant ; un autre a une machine, qui eſt comme un grand évantail quarré, & recourbé par en haut, qu'il preſente toûjours du côté du Soleil, quand le Mandarin ſe fait porter dans une chaiſe découverte. Comme celle du R. P. Bouvet eſt fermée, cet évantail ſe mêle dans ſa marche, & comme il eſt bien doré & d'un grand volume, c'eſt toûjours un ornement.

Je n'ay point eu de peine à me faire aux repas Chinois, je trouve leurs mets tout Italiens, & par consequent à mon goût, je m'escrime des petits bâtons * tout comme un autre, & je ne croyois pas manger jamais du ris & des petits pois avec deux pinceaux en guise de cueillere & de fourchette. Mais il faut tout dire, je voudrois qu'on se servît icy de nappes & de serviettes, comme on fait en Europe, & je m'étonne comment des gens aussi propres & aussi polis que les Chinois, peu-

* Au lieu de cueillere & de fourchette on se sert à la Chine de deux petits bâtons.

vent ſouffrir qu'on mette ſur la table les arêtes, les os, & tout ce qu'on ne peut manger, qui demeure en France ſur l'aſſiette.

La Ville de Canton eſt grande, & infiniment peuplée. Les Mandarins ont bon ſens de ſe faire preceder par des crieurs, & par de foüetteurs, cela fait ranger le monde & ils ont de la place pour paſſer. Les ruës ſont aſſez étroites & pavées de pierres de taille fort dures, il y en a de couvertes, où ſont les plus belles boutiques; on croit être à la Foire Saint Germain. On ne voit icy ni caroſſes ni charettes. Les honnêtes gens ſe font porter en chaiſe, le peuple remplit les ruës, ſur tout les Porte-fais, la plûpart nuds pieds & nuds jambes, & même nud tête ou avec un chapeau de paille d'une tres-vaſte circonference. Toutes les maiſons ſe reſſemblent aſſez, du moins elles ſont toutes de la même grandeur, ſans fenêtres & ſans vîtres. Voilà, Monſeigneur, à peu prés l'idée qu'on doit ſe former de Canton. Cela n'a gueres de l'air ni de Paris ni de Turin. Vive l'Italie pour les beaux Arts, les Chinois ſe connoiſſent en Architecture & en Peinture comme moy, en Grec & en Hebreu. Ils ſont pourtant charmez d'un beau deſſein, d'un païſage bien vif & bien ménagé, d'une perſpective naturelle; mais pour ſçavoir comment on s'y prend, ce n'eſt pas-là leur affaire, ils entendent bien mieux comment on peſe l'argent, & comment on prepare le ris; auſſi ont-ils toûjours en main la balance ou les petits bâtons.

Au reſte les Chinois me paroiſſent de fort bonnes gens, civils & polis, & d'une humeur douce & paiſible. Les valets ſont humbles & ſoumis, il faut ſeulement prendre garde à leurs mains, & ne les pas exposer à la tentation. Les grands Seigneurs sont honnêtes & prévenans. Le Viceroy de la Province & le *Tsongtou*, qui est encore plus que le Viceroy, ont rendu visite plusieurs fois au R. P. Bouvet, & le *Tsongtou* en particulier me fit cent honnêtetez, ausquelles je ne m'attendois pas. Je ne sçay s'ils sont entre eux comme avec les étrangers. Mais avec les François ils ont pris des manieres tout-à-fait polies sans être gênantes.

Monsieur le Chevalier de la Rocque est logé dans un

Cong-Koën, & le vaiſſeau n'a point été meſuré, c'eſt le premier Vaiſſeau François qui ſoit jamais venu à la Chine. Mais c'eſt auſſi le premier Vaiſſeau étranger à qui les Chinois ayent fait cet honneur. Ce ſont les Mandarins qui ſe ſont déterminez à le diſtinguer de cette maniere, avant que de ſçavoir les intentions de l'Empereur.

On a attendu les nouvelles de la Cour avec un peu d'impatience. Elles ſont venuës enfin & telles qu'on les pouvoit ſouhaiter. L'Empereur étoit encore en Tartarie, lors qu'il apprit le retour du R. P. Bouvet, & il en a eu tant de joye, qu'il a bien voulu la marquer de ſa propre main ſur les lettres qu'il en avoit receuës, & qu'il a renvoyées aux Peres Jeſuites de Pekin *. Au reſte ce grand Prince n'eut jamais tant de ſanté & tant de gloire qu'il en a, il a fait un voyage de plus de cinq ou ſix cens lieuës dans les deſerts de la Tartarie, & défait à la tête de ſon armée le dernier ennemy capable de remuer & de troubler la paix de ſes deux Empires.

* C'eſt la Capitale de la Chine & une des plus grandes Villes du monde.

Pour revenir aux nouvelles qui regardent les François, le Prince heritier de l'Empire, qui gouverne à Pekin en l'abſcence de l'Empereur, fut ſi charmé de tout ce qu'il apprit par les lettres du R. P. Bouvet, qu'il dit plus d'une fois. *Quoy un Vaiſſeau du Roy de France avec un Mandarin qui le Commande ! cela ne s'eſt jamais vû : il faut inceſſamment en donner avis à l'Empereur.*

Ce Monarque revint triomphant à Pekin le 15. ou le 16. de Decembre 1698. Il attendoit avec impatience l'arrivée du R. P. Bouvet pour donner ſes ordres, lors qu'on apprit à Pekin que le Pere avoit été obligé de demeurer à Canton. Cependant on fit entendre à l'Empereur qu'il falloit que le Vaiſſeau repartît à la fin de Janvier 1699. pour pouvoir retourner en France dans ſix mois ; & ce bon Prince ſe contenta de dire qu'il n'y avoit plus que quarante jours juſqu'à la fin de Janvier, que ce temps étoit bien court pour rien entreprendre, que le P. Viſdelou, & le P. Suarez tous deux Jeſuites allaſſent à Canton avec un Mandarin Tartare qu'il choiſit luy-même dans ſa maiſon entre pluſieurs autres qu'on luy proposa. Autrefois il se contentoit de dire simplement qu'un tel aille à un tel endroit, cette fois il a voulu que ces trois personnes fussent envoyées avec une commission expresse qui passât par les Tribunaux. *Au reste*, ajoûta l'Empereur à ces Envoyez, *un tel*, qu'il nomma, *fut à Canton en seize jours, je vous en donne trente deux*, & il leur donna en même temps ses ordres pour regler toutes choses sur les lieux.

Ces trois Envoyez sont venus à Canton en trente & un jour, quoy qu'il y ait cinq cens soixante bonnes lieuës d'icy à Pekin, le Courier n'eſt arrivé que deux ou trois heures avant eux : Tous les premiers Mandarins de la Province, avec le R. P. Bouvet ont été les recevoir ſur le bord de la riviere : les Mandarins auroient été bien plus loin au devant d'eux, ſi le Courier eut fait plus de diligence, le R. P. Bouvet demanda le premier, à genoux ſelon la coûtume, des nouvelles de la ſanté de l'Empereur & du Prince heritier. Les trois Envoyez luy répondirent que l'un & l'autre ſe portoient à merveille, & que l'Empereur leur avoit donné ordre de le venir chercher, & de l'accompagner jusqu'à Pekin. Le Pere aprés avoir marqué en peu de paroles la confusion où il se trouvoit de voir qu'un si grand Prince eût tant de bontez pour luy, se releva, & s'étant tourné du côté du Nord, remercia publiquement l'Empereur suivant la coûtume, & se mit à genoux par trois fois, baissant par neuf fois le front jusqu'à terre.

Aprés luy le *Tsiang-kun* ou General d'Armée, qui dans ces rencontres passe devant le Viceroy, fit la même ceremonie au nom de toute la Province. On alla ensuite s'asseoir dans une grande salle toute ouverte, qui est vis-à-vis du Port. Le Mandarin Tartare, qui venoit d'arriver étoit à la premiere place, le R. P. Bouvet à la seconde, puis les Peres Visdelou & Suarez, ensuite le *Tsiangkun*, le Viceroy & tous les autres au nombre de seize. On prit du Thé, & le Mandarin Tartare dit là publiquement que l'Empereur les avoit envoyez au devant du R. P. Bouvet & de ses Compagnons, qu'il souhaittoit d'avoir auprés de sa personne quelques-uns de ces Peres, &

& qu'il envoyoit les autres prêcher dans tout ſon Empire la Loy du Seigneur du Ciel. Ce ſont ſes termes, *ſovi pien tchoüen kiao.*

Le 28. Janvier j'allai à l'Egliſe des Peres Jeſuites François, ils y étoient tous, les trois Envoyez y vinrent bien-tôt aprés. Le Mandarin Tartare nous ſalua à la maniere de ſon Païs, c'eſt-à-dire, en nous prenant à chacun les deux mains en ſigne d'eſtime & d'amitié. Il demanda nos noms, c'eſt une civilité de ces peuples; il ajoûta qu'il les vouloit avoir par écrit. La viſite fut longue, comme il parle en perfection ſa langue, il la parla preſque toûjours. Enfin il ſe leva, & dit en Chinois, toutes les portes étant ouvertes & la cour pleine de monde, ce qu'il avoit dit ſur le port; Que ce que l'Empereur eſtimoit le plus, c'étoit la vertu, & enſuite les beaux arts, qui peuvent ſervir à l'utilité de ſes peuples; qu'il avoit envoyé le R. P. Bouvet en France pour luy chercher des gens de ce caractere; qu'il avoit apris avec plaiſir ſon retour; que parmi ceux que le Pere avoit amenez avec luy il en choiſiſſoit quelques-uns pour luy, & qu'il envoyoit les autres prêcher la Loy du Seigneur du Ciel dans ſon Empire, par tout où ils voudroient. Les Peres ſe jetterent à genoux, & moy avec eux, & nous fîmes les neuf inclinations ordinaires pour marquer nôtre reconnoiſſance pour un ſi grand bienfait.

Ces honneurs n'étoient pas pour les ſeuls Peres Jeſuites. Les François y ont eû leur bonne part. L'Empereur a remis tous les droits du Vaiſſeau. Quand Monſieur le Chevalier de la Rocque en remercia le Prince, on ſe contenta qu'il le fit à la maniere Françoiſe par trois profondes reverences ; c'eſt une diſtinction ſi extraordinaire dans cet Empire, qu'il n'y a point de nation au monde qui puiſſe ſe vanter d'avoir été ainſi traitée à la Chine. Le Viceroy donna enſuite à manger à Meſſieurs nos Officiers avec toutes les ceremonies Chinoiſes & toûjours avec la même diſtinction. Enfin on a remis juſqu'aux droits des Marchandiſes, ce qui ſe monte bien à quinze mille écus, & on a permis aux François d'acheter une maiſon dans la Ville, pour fixer leur commerce. Tout cela s'eſt fait, Monſeigneur, ſur les ſeules lettres que le R. P. Bouvet a écrit à l'Empereur. Nous ſommes ſur le point de partir pour la Cour de Pekin. Le Vaiſſeau ne peut retourner en France qu'au mois d'Octobre, mais je trouve la commodité d'un Anglois, qui part en peu de jours pour l'Europe, & je n'ay garde de la laiſſer échapper ſans vous aſſurer, Monſeigneur, qu'en quelque lieu du monde que je ſois, je regarderay toute ma vie comme le plus grand honneur qui me puiſſe arriver la permiſſion que vous me donnez de vous dire que je suis avec un tres-profond respect.

MONSEIGNEUR,

Vôtre tres-humble & tres-obéissant serviteur.
GIO : GHERARDINI.

A Canton ce 20. Fevrier 1699.

Permis d'imprimer. Fait ce 20. Mars 1700.

M. LE VOYER D'ARGENSON.

www.ingramcontent.com/pod-product-compliance
Ingram Content Group UK Ltd.
Pitfield, Milton Keynes, MK11 3LW, UK
UKHW012240240726
13966UKWH00003B/1200